Claus Keidel

Wissen, wie das Wetter wird

So mache ich meine eigene Vorhersage

blv

Warum ist das Wetter für uns wichtig?

»Ein ausgeprägtes Hoch sorgt für fantastisches Wetter. Nur ganz vereinzelt hält sich am Morgen noch Hochnebel, der sich aber rasch auflöst. Tagsüber scheint die Sonne von einem strahlend blauen Himmel. Die Sonne sorgt für eine kräftige Tageserwärmung, die Höchstwerte steigen auf 15 °C bis 20 °C an. Es herrscht bestes Wetter zum Wandern. Es scheint den ganzen Tag die Sonne und für die Jahreszeit bleibt es sehr mild. Der Wind bläst nur schwach.« So lautete der Wetterbericht vom 29. Oktober, einem Tag aus dem »Jahrhundert-Oktober« 2005. Gleichzeitig verwüstete der Hurrikan »Beta« Nicaragua.

Mit Hilfe der Kommunikationsmedien nehmen wir am Wettergeschehen teil, auch in anderen Regionen der Welt, und das in Echtzeit. Und immer gilt die Maxime: »Wetter ist das, was einem täglich passiert, solange man lebt!« Das Wetter begleitet uns 24 Stunden am Tag und beeinflusst unsere Stimmung, unser Tun und nicht zuletzt unsere Bekleidungswahl, wenn wir aus dem Haus gehen. Wie oft stellt man sich morgens die Frage: »Brauche ich heute einen Regenschirm?«

Auch wenn die meteorologische Forschung und die damit verbundene Technik, in der das Internet eine immer größer werdende Rolle spielt, eine Langzeitvorhersage des Wetters schon relativ gut ermöglicht, interessiert doch primär die Frage nach der Wetterlage der nächsten Stunden im eigenen Bewegungsumfeld. Im Folgenden sollen deshalb grundlegende Kenntnisse über Wetterabläufe vermittelt und entsprechende Hilfsmittel aufgezeigt werden, die zur eigenen kurzfristigen Wettervorhersage eingesetzt werden können. Das »W« steht dabei für die eigene Wettervorhersage, für Wolken, Wind und Wetterbeobachtung in der Natur. Wolken zeichnen oftmals optische Meisterwerke an das Firmament, die auf bestimmte Wettererscheinungen hinweisen. Sie bewegen sich in verschiedenen Höhen, und jede Form ist ein Mosaiksteinchen, das es richtig zu deuten gilt.

Jeder Wettervorgang hat eigene Vorboten in der Natur, deren

Wo finde ich was im Buch?

Die Wetterkarte ist das wichtigste Hilfsmittel zur Wettervorhersage. Sie ist auch die Basis für die durch eigene Beobachtungen verfeinerte und optimierte Prognose.

Bestimmte Wettersituationen wiederholen sich in charakteristischer Weise. Wer sie kennt, kann eigene Beobachtungen und Wetterkarte besser aufeinander abstimmen und liegt in seiner Prognose genauer.

Besondere regionale Gegebenheiten können zu charakteristischen Abweichungen im Wettergeschehen führen. Wer diese Faktoren durch langjährige Beobachtung analysiert, kann seine Wetterprognosen deutlich verbessern.

Beobachtung dazu beiträgt, die Prognose vor Ort zu sichern. Eine Wettervorhersage ist für viele Bereiche von Bedeutung, da nicht nur die Frage, ob es regnen wird oder nicht, wichtig ist, sondern auch, wie die Luftdruck- und Windverhältnisse sich entwickeln. Davon betroffen sind Wanderer, Bergsteiger, Segler und alle, die draußen unterwegs sind, aber auch mancherlei technische Entwicklungen und Gerätschaften. Ein Beispiel ist die Überlegung, Ozeanriesen unterstützend an Drachen, die in 500 m Höhe schweben, über die Meere zu ziehen, um Energiekosten zu sparen (in 500 m Höhe sind Windströmungen gleichmäßiger und haben keine Reibungsdefizite).

So funktioniert das Buch

»Wissen, wie das Wetter wird« soll jedem Leser die Möglichkeit bieten, eine möglichst genaue Wettervorhersage für seinen Bereich für die kommenden Stunden zu erstellen. Es werden Wolken und Wind sowie wetterrelevante Beobachtungen in der Natur beschrieben und in Prognosekriterien wie Aussehen, Wetterlage und Vorhersage gegliedert. Das Kapitel »Interpretation der Wetterkarte« dient als Einführung zum Verständnis einer Wetterkarte, die, mit Fallbeispielen verbunden, erste eigene Prognosen ermöglicht. Föhn, Inversion und Nebel als lokale Erscheinungen geben dann einen Einblick in die Besonderheiten des Wetters. Darüber hinaus werden allgemeine Fragen beantwortet – weshalb eine Gewitterwolke dunkel erscheint, Blitze aus heiterem Himmel kommen oder wie weit der Horizont für eine Beobachtung entfernt ist.

Wolken interpretieren

Um eine Wetterprognose zu erstellen, ist das Beobachten der Wolken unerlässlich. Sie liefern die wertvollsten Hinweise auf das zukünftige Wettergeschehen.

Wolken haben gigantische Dimensionen und können durchaus als »weiterer Ozean« bezeichnet werden, denn sie sind enorme Wasserspeicher. Allein eine normale sommerliche Haufenwolke (Cumulus) beinhaltet ca. 500 t Wasser. Würden die Wolken eines normalen Tiefausläufers auf einen Schlag abregnen, stünde ganz Europa unter Wasser. Alle Wolken, die täglich über den Globus verteilt sind, ergeben zusammen nach neuen wissenschaftlichen Berechnungen die dreifache Menge an Wasser des Mittelmeers.
Damit sich Wolken bilden können, müssen kleinste Teilchen aus Staub oder Salz in der Luft vorhanden sein. Diese Staubteilchen entstehen zum Beispiel durch Vulkanismus und Fabrikabgase und werden durch Luftströmungen wie den Wind, aber auch einen Thermikschlauch bewegt. Bei Salzteilchen handelt es sich um Salz aus den Meeren, das durch Verdunstung nach oben steigt. In der Höhe liegen kalte Luftschichten, an denen sich an den kleinen Festkörperteilchen Wasser niederschlägt, wie man es im Herbst vom Tau her kennt. Kleine Wassertropfen entstehen und formen Wolken, die Sonnenstrahlen in den Weltraum reflektieren.
Häufig hört man die Frage, warum Regen- oder Gewitterwolken dunkel sind. Dies liegt an der Wassertropfengröße in einer Wolke. Wolken sind eine zusammengefügte Form von schwebenden Wassertröpfchen und Eisteilchen. Bei schönem Wetter haben sie einen Durchmesser von ungefähr 0,02 mm. In einer Gewitterwolke erreichen sie in Wasserform einen Durchmesser von ca. 6 mm, bevor sie zu Eis werden und als Hagelkorn weiterwachsen. In diesem Fall durchdringt das Sonnenlicht die Wassertropfen nicht mehr so gut und die Wolken erscheinen gegen den Himmel dunkel.

Wolkenklassifikation

Wolken werden gemäß ihrer Zughöhe in der Atmosphäre in 4 Gruppen eingeteilt:

1 Hohe Wolken (Höhe 5000–12 000 m)

Cirrus (Ci)
Cirrostratus (Cs)
Cirrocumulus (Cc)

2 Mittelhohe Wolken (Höhe 1500–5000 m)

Altocumulus (Ac)
Altostratus (As)
Nimbostratus (Ns)

3 Tiefe Wolken (Höhe 0–1500 m)

Stratocumulus (Sc)
Stratus (St)

4 **Haufenwolken (Höhe 500–15 000 m)|**
Cumulus humilis
(Cu hum = kleine Haufenwolke)
Cumulus mediocris
(Cu med = mittlere Haufenwolke)
Cumulus congestus
(Cu con = große Haufenwolke)
Cumulonimbus (Cb)

4

In den Beschreibungen wird immer wieder auf die Zughöhe der Wolken eingegangen. Im Allgemeinen sind hohe Wolken an ihrem zerzausten, faserigen Erscheinungsbild und der weißen Farbe zu erkennen. Das beruht auf den meist starken Winden in der großen Höhe. Die frostigen Temperaturen (bis –50 °C) lassen zudem jegliche Feuchtigkeit zu Eiskristallen gefrieren.
Schwieriger ist die Abgrenzung zwischen mittelhohen und tiefen Wolken. Speziell Regenwolken hängen oft so tief über dem Erdboden, dass sie teilweise die Gipfel der Bäume oder Spitzen der Hochhäuser einhüllen. Aber auch andere Beobachtungen können helfen, Wolken einer Gruppe zuzuordnen, etwa der Schattenwurf, ihre subjektive Zuggeschwindigkeit oder das Erscheinungsbild in Relation zu bekannten Objekten. Je öfter Sie sich damit beschäftigen, desto sicherer wird Ihre Diagnose.

Cirrus

Aussehen

Cirrus zieht in Höhen von 8000–12 000 m und besteht wegen der niederen Temperaturen in diesen Höhen bis −50 °C aus Eiskristallen. Cirruswolken haben ein lang gezogenes, federartiges Aussehen und stehen scheinbar meist still am Himmel. Tatsächlich sind sie aber die schnellsten Wolken und können eine Geschwindigkeit von über 100 km/h erreichen. Die große Höhendifferenz ist für die Täuschung verantwortlich.

Wetterlage und Vorhersage

- Cirruswolken, die in östlicher Richtung vereinzelt am Firmament scheinbar still in Reihe stehen und sich dann im Laufe des Tages auflösen, sind Anzeichen schönen Wetters; eine Wetterberuhigung ist eingetreten.
- In Schönwetterlage sind Cirruswolken unregelmäßig am Himmel verteilt. Die Situation ist ruhig, es wird keine kurzfristige Wetteränderung geben.

• Ziehen Cirruswolken aus südwest- bis nordwestlicher Richtung auf und verdichten sich in der Folge, wird innerhalb von 48 Stunden eine Wetterverschlechterung einsetzen. Am Barometer ist zu beobachten, dass der Luftdruck fällt und die relative Luftfeuchtigkeit steigt.

Wichtige Sonderform: Kondensstreifen

In Höhen um 10000 m werden Kondensstreifen durch heißen Wasserdampf erzeugt, der bei der Verbrennung in den Turbinen von Flugzeugen entsteht und durch physikalische und chemische Prozesse diesen in Eisnadeln umwandelt.

• Eine schnelle Auflösung eines Kondensstreifens in Hochdrucklage zeigt, dass die Luftschichten in der Höhe trocken sind. Es bleibt schönes Wetter.

• Löst sich ein Kondensstreifen nicht auf und ist seine Verbreiterung zu beobachten, so ist ein starker Höhenwind mit Richtung nach Nordost bis Südost sowie eine erhöhte Feuchtigkeit in der Luft vorhanden, die auf eine Wetterverschlechterung hinweisen.

Cirrostratus

Aussehen

Cirrostratus ist der klassische Schlechtwetterbote. Cirrostratus bildet sich durch Verdichten von Cirren zu einem milchigen Schleier. Diese Wolkenart zieht in Höhen zwischen 6000 und 8000 m. Durch ihre dunstähnliche Erscheinung ist sie nicht ganz leicht zu erkennen.

Wetterlage und Vorhersage

Cirrostratus erscheint meist an der Vorderseite aufziehender Tiefdruckgebiete, führt aber selbst keinen Niederschlag mit sich. Mit zugleich fallendem Luftdruck ist er ein sicheres Zeichen für den in einigen Stunden einsetzenden Regen.

Wichtige Sonderform: Nebensonne und Sonnenring (Halo)

Sonnenring und Nebensonnen, die links und/oder rechts von der Sonne stehen können, zeigen, dass bereits erste Feuchtigkeit in der Luft vorhanden ist. Eine solche beginnende Wasserdampfverdichtung ist meist der Anfang eines nachfolgenden Niederschlags.

Cirrocumulus

Aussehen

Cirrocumulus ist eine seltene Form der hohen Wolken. Er zieht in Höhen zwischen 6000 und 10 000 m und bildet oftmals optische Kunstwerke am Himmel. Charakteristische Form sind Felder einer Art kleiner, weißer Wattebällchen aus Eiskristallen, die im Sommer vor Kaltfronten oder Gewittern entstehen, aber auch vor Warmfronten mit einer Föhnströmung.

Wetterlage und Vorhersage

- Ziehen Cirrocumuluswolken schnell aus westlichen Richtungen und breiten sie sich wogenförmig aus, ist in den kommenden Stunden ein Wetterumschwung zu erwarten.
- Feine Cirrocumuli können sich vor Gewittern schon während eines schönen Vormittags entwickeln. Entstehen im weiteren Tagesverlauf Cumuluswolken, die vertikal zu quellen beginnen, ist Gewittergefahr gegeben!

Altocumulus

Aussehen

Altocumulus (im Volksmund: Schäfchenwolke) ist die bekannteste Wolkenform. In groben Ballen oder Walzen steht er am Himmel. Altocumulus zieht in Höhen um 3000–6000 m. Er besteht aus unterkühlten Wassertröpfchen, in höheren Luftschichten aus Eiskristallen.

Wetterlage und Vorhersage

- Altocumulus ist überwiegend ein Schlechtwetterbote in labiler Wetterlage.
- In mehreren Schichten übereinander gelegen, bildet er eine geschlossene Wolkendecke. Verbindet er sich mit der mittelhohen Schichtwolke, kommt der hoffentlich mitgeführte Regenschirm bald zum Einsatz.
- In sommerlichen Gewitterlagen bilden sich gerne im Laufe des Vormittags türmchenartige Altocumuluswolken.

Wichtige Sonderformen

Altocumulus castellanus und Altocumulus floccus
Die wichtigste Sonderform ist der Altocumulus castellanus, die Türmchenwolke. Türmchenwolken sind zinnenartige aufquellende Schichtwolken, die sich meist in den Morgenstunden bilden. Sie zeigen sich vor oder während eines Gewitters. Wie Cirrocumulus erscheinen sie überraschend und sind gelegentlich zusammen mit Schäfchenwolken zu sehen, die an ihrer Basis wie Wollflocken ausgefranst sind und deshalb lateinisch Altocumulus floccus heißen. Mit höher steigender Sonne lösen sie sich meist wieder auf, bis schließlich nachmittags und abends stark quellende Cumuli zu Gewitterneigung führen. In längeren Schichtwolkenbahnen, die nach oben hin aufquellen, deuten sie auf labile Schichtung hin. Altocumulus castellanus und Altocumulus floccus sind daher sichere Zeichen einer labilen Wetterlage.

Altocumulus undulatus
Verbinden sich Altocumuluswolken, entsteht eine hohe Schichtwolke, die wieder in die typische Altocumulus-Form zerfallen kann. Sie wird Altocumulus undulatus, Wogenwolke, genannt. Ihre Entstehung gleicht physikalisch der einer Wasserwelle. Sie wird in höhere Luftschichten angehoben und durch Abkühlung als Wolke sichtbar. Altocumulus undulatus entsteht an der Grenzfläche zweier verschiedener Luftmassen. Bei seinem Erscheinen ist mit einem Wetterumschwung zu rechnen. Er entwickelt sich häufig im Sommer vor starken Gewittern.

Altocumulus lenticularis
(Siehe unter: Föhn – Lokale Besonderheiten)

Altostratus

Aussehen

Altostratus bewegt sich zwischen 3000 und 6000 m Höhe und besteht hauptsächlich aus Wassertröpfchen. Die im Hintergrund von Altostratus stehende Sonne erscheint wie hinter Milchglas. In der weiteren Folge verdichtet sich Altostratus, seine Untergrenze sinkt ab, Wolkenfetzen (fractus) bilden sich, und es beginnt zu regnen. Altostratus ist die Verbindung zwischen Cirrostratus und der Regenwolke Nimbostratus.

Wetterlage und Vorhersage

- Zunehmendes Verhüllen der Sonne durch Altostratus kündigt das Eintreffen einer Warmfront an.
- Bildet sich ein Altostratus fractus, ist anhaltendes regnerisches und nasskaltes Wetter, in den Alpen bis in mittlere Lagen Schnee die Folge.
- Bleibt es bei einem Durchscheinen der Sonne ohne Ausbildung von Fractuswolken, ist es zunächst weiter trocken.

Abgrenzung Cirrostratus/Altostratus

- Altostratus schwächt das Sonnenlicht ab, Cirrostratus lässt das Sonnenlicht durch.
- Bei Altostratus gibt es keine Halo-Erscheinungen, bei Cirrostratus sind ein Halo und/oder eine bis zwei Nebensonnen vorhanden.

Nimbostratus

Aussehen

Nimbostratus bringt lang andauernden Regen oder Schneefall. Als Mischwolke hat er eine unscharfe Struktur und besteht aus Wassertröpfchen oder aus Eiskristallen. In 2000–5000 m Höhe zieht er über das Land, die Sonne ist vollkommen bedeckt. Begleitet wird diese Regenwolke manchmal von Fractuswolken, die an seiner Unterseite entstehen können. Als Begleitwolken des Nimbostratus sind sie sehr beständig und können sich nach Abzug eines Regens in Cumuli umwandeln. Durch ihre geringe Höhe über dem Boden sind sie als »Rauchschwaden« bekannt, die in den Wipfeln der Bäume hängen bleiben. Seine Ausbreitung reicht über Hunderte von Kilometern und bringt den berühmten Landregen, in den Bergen den so genannten Alpenstau mit tagelangem Regen.

Wetterlage und Vorhersage

- Ein Tiefdrucksystem zieht oft über die Nordsee oder über Italien (Genuatief) und den Balkan in unsere Breiten. In strukturloser, eintöniger Wolkenform bringt Nimbostratus dann je nach Jahreszeit lang andauernden Regen (Hochwasser in Südbayern Sommer 2005) oder Schneefall.
- Das Erscheinen erster Strukturen und Aufhellen in einer immer noch geschlossenen Wolkendecke kündet ein Ende des Regens und ein langsames Aufreißen der Wolkendecke an.

Stratocumulus

Aussehen

Stratocumulus ist die am häufigsten vorkommende Wolkenart und wird häufig mit dem Altocumulus verwechselt. Stratocumulus besteht aus Wassertröpfchen und liegt in einer Höhe von 500 m bis 2000 m. Bei winterlichen Hochdrucklagen oder bei abklingendem Schauerwetter steht der Stratocumulus am Himmel. Er bildet sich, wenn ein vertikales Aufsteigen der Luftmassen (im Gegensatz zum

Cumulus) durch Grenzschichten (Inversionen) verhindert wird. Sein Ausbreiten erfolgt dann horizontal, in breiten Wolkenwalzen, die häufig am frühen Morgen auftreten.

Wetterlage und Vorhersage

- Stratocumulus ist als Schönwetterwolke Garant für stabiles, oft trübes Hochdruckwetter und zeigt Aufhellung in Wolkenlücken mit teils blauem Himmel.
- Stratocumulus kann zu Schicht- und Regenwolken übergehen und schlechtes Wetter bringen.
- Wetterbesserung tritt ein, wenn eine Stratocumulus-Schicht in unregelmäßige Teile zerfällt. Bildet die aufbrechende Wolkenschicht gleiche Muster, ist die Wetterbesserung nur von kurzer Dauer.

Stratus

Aussehen

Stratus ist eine tiefe Wolke und typisch für eine Inversion. Stratus reicht von 100 m Höhe bis in Höhen von 2000 m und besteht aus Wassertröpfchen und bei extrem niedrigen Temperaturen aus feinsten Eiskristallen. Im Gegensatz zum Nebel liegt Stratus nicht am Boden auf. Stratus zeigt sich an Gebirgszügen, aber auch am Meer. Im Sommer kann er sich bei hoher Luftfeuchtigkeit oder bei klaren Nächten bilden.

Wetterlage und Vorhersage

- Erscheint Stratus im Sommer, sind feuchte Luftmassen vorhanden, Gewittergefahr ist angezeigt!
- Stratus fractus (fetzenartiger Nebel) ist oft ein Begleiter der Regenwolke. Plötzlich auftretender Regen ist dann nicht ungewöhnlich.
- Inversionen entstehen vorwiegend zur Herbstzeit in ruhiger, oft wochenlang anhaltender Lage.

• Die Beendigung einer Inversion zeigt sich, wenn ein Wolkenaufzug mit Schäfchen- oder Wogenwolken von Südwesten her einsetzt. Meist beginnt die Wetteränderung mit Wind, der die Luft reinigt, gefolgt von Regen.

Wichtige Sonderformen

• Bodeninversionen bilden Nebelfelder über Land, wodurch die Sicht plötzlich schwierig oder unmöglich wird. Dies bringt besonders im Straßenverkehr große Gefahren, da die Fahrbahnen in diesen Nebelfeldern urplötzlich vereisen können.

• Bei Inversionen entstehen Smoglagen, die sich über viele Tage erstrecken. Gerade bei dieser Wettersituation sollte man die Atemwege schützen, besonders bei Kindern, ... und am Wochenende in die Berge fahren!

Haufenwolken (Cumulus und Cumulonimbus)

Während die bisher genannten Wolkenarten eine horizontale Ausbreitung aufweisen, sind Haufenwolken eine vertikal ausgerichtete Wolkenart, die nebeneinander aber natürlich auch horizontale Ausbreitung haben.

Cumulus

Der Cumulus gehört zu den wichtigsten Wolkenarten. Cumuli bewegen sich zwischen bodennahen Bereichen (z. B. am Meer) bis etwa in 6000 m Höhe. Voraussetzung für die Entstehung einer Haufenwolke ist die Existenz von kleinsten Staub- und Wasserteilchen in der Luft. Im Lauf eines Tages wächst die Sonneneinstrahlung, Luftmassen werden erwärmt und steigen in Form von Luftschläuchen (Thermikschläuchen) nach oben. Durch Abkühlung in der Höhe scheiden sie Wasserdampf aus. Verdichtet sich dieser, bildet sich am Kondensationsniveau (Wolke wird sichtbar) ein weißer Cumulus mit einer waagrechten Wolkenbasis. Lässt die Sonneneinstrahlung nach, kommt der aufsteigende Luftstrom zum Stillstand, die Wolke zerfällt. Steigt die Sonneneinstrahlung im Lauf des Tages, fängt der Cumulus an zu quellen und steigt in Höhenbereiche auf, deren Umgebungstemperatur < 0 °C ist. Ist die Nullgradgrenze erreicht, vereisen die Wassertröpfchen innerhalb des Cumulus, und eine Gewitterwolke entsteht. Ob eine Wasserdampfverdichtung schon einsetzt, kann man durch eine Sonnenbrille erkennen, die die rauchartigen Dunstfahnen der in die Höhe steigenden Luftmassen sichtbar macht.

Eine praktische, wenn auch nicht wissenschaftliche Hilfe zur Erkennung von Cumuluswolken: Bei ausgestrecktem Arm den Daumen parallel zum Gelände richten. Ein Cumulus humilis deckt dann 1 Daumendurchmesser ab, ein Cumulus mediocris 2 Daumendurchmesser. Darüber liegen die vielfältigen Größenvariationen des Cumulus congestus.

Aussehen

Die Meteorologie unterscheidet die folgenden leicht zu erkennenden Cumulusarten:

Cumulus humilis

Dies ist die Bezeichnung für eine niedrige Haufenwolke. Ein kleiner »Wattebausch« steht am Himmel und behindert die Sonnenstrahlen nicht, wirft also keine Schatten.

Cumulus humilis bildet sich im Laufe des Vormittags mit flachen Quellungen aus, die in verschiedenen Variationen und in regelmäßiger Folge bis gegen 14.00 Uhr den Himmel überziehen. Haben sie ihr Maximum erreicht, lösen sie sich wieder auf.

Wettervorhersage: Stabile Lage, keine Unwettergefahr.

Cumulus mediocris

Cumulus mediocris ist die Bezeichnung für eine mittelgroße Haufenwolke mit Schattenbildung. Er entsteht aus weiterem Quellen des Cumulus humilis, löst sich jedoch gegen Abend durch nachlassende Sonneneinstrahlung auf. Im Verlauf des Tages bildet er »Wolkenstraßen« aus.

Wettervorhersage: Weiterhin stabile Lage, keine Wetterstörung zu erwarten.

Cumulus congestus

So bezeichnet man eine aufgetürmte Haufenwolke, die mit mehreren Cumuli verbunden die Sonnenstrahlung behindert und Schatten bildet. Cumulus congestus quillt in der heißen Jahreszeit, bedingt durch frei werdende Energie, sehr schnell in die Höhe. Eine instabile Lage ist entstanden. Die aufsteigenden Luftmassen erreichen im Inneren des Cumulus hohe Geschwindigkeiten. Die Wolke türmt sich blumenkohlartig auf. Reicht die Energie für eine weitere Entwicklung nicht, hat die Wolke ihr Maximalvolumen erreicht. Sie zerfällt im oberen Bereich und löst sich im Laufe des Nachmittags wieder auf. Manchmal fallen vereinzelte Wassertropfen nach unten durch, die aber keinen großen Regen erzeugen.

Wettervorhersage: Erste Anzeichen von labiler Lage. Wettergefahr angezeigt – Gewitter möglich!

Wetterlage und Vorhersage

- Niedrige und mittelgroße Haufenwolken bilden sich an schönen Sommertagen und lösen sich im Verlauf des weiteren Tages wieder auf. Die Wetterlage ist stabil, eine Wetteränderung kurzfristig nicht in Sicht.
- Lösen sich Cumuli nicht auf, sondern verdichten sich, steht eine Wetterverschlechterung kurz bevor. Dies gilt besonders dann, wenn ein herrliches Morgenrot am Himmel zu sehen ist.
- Türmen sich Cumuluswolken schon gegen Mittag auf und überziehen den Himmel, können Gewitter unmittelbar bevorstehen. Eine auftürmende Haufenwolke wird als Cumulus congestus bezeichnet.
- Der bevorstehende Einbruch von kühlen und feuchten Luftmassen ist dann zu erwarten, wenn hohe Turmwolken aus südwestlicher bis nordwestlicher Richtung gezogen kommen. Je nach Jahreszeit frischen die Winde mit Regen- oder Schneeschauern in Kürze böig auf.

Cumulonimbus

Aussehen

Der Cumulonimbus ist die Weiterentwicklung des Cumulus congestus. Aufgetürmt und in scheinbar chaotischem Szenario beherrscht er den Himmel. Er entwickelt sich durch verstärkte Eisbildung im oberen Bereich zur typischen »Ambosswolke« und wächst in unseren Breiten bis 15 000 m Höhe.

Wetterlage und Vorhersage

- Das Weiterquellen eines Cumulus congestus zum Cumulonimbus bedeutet, dass labile Luftmassen einströmen und die Wetterlage sich ändert. Das Vorstadium eines Gewitters ist erreicht.
- Setzt Vereisung durch Ausfransen in eine ambossartige Form (calvus) an der Oberseite einer Gewitterwolke ein, ist der Beginn eines Gewitters in Kürze zu erwarten.

• Aus der Zugrichtung einer Gewitterwolke lässt sich abschätzen, wo der Entladungsbereich des Gewitters sein wird.
• Verfärbt sich der Himmel schwefelgelb, muss mit Hagel gerechnet werden.
• Blitztätigkeit kann bereits vor Einsetzen des Niederschlags beginnen. Dies zeigt sich durch eine netzartige Struktur an der Basis der Gewitterwolke.
• Die Entfernung eines Gewitters lässt sich aus der Zeitdifferenz zwischen Blitz und Donnerbeginn in Sekunden berechnen. Die ermittelte Zahl mal 330 genommen ergibt die ungefähre Entfernung in Metern. Beispiel: Zeitdifferenz = 9 Sek. ergibt $9 \times 330 = 2970$. Das Gewitter wäre also ungefähr 3 km entfernt.

Wichtige Sonderformen

Cumulonimbus und Altocumulus castellanus/floccus
Das Auftreten von Türmchen- oder Floccuswolken, oft schon am Vormittag mit Einsetzen von starker Quellbewölkung um die Mittagszeit, kündet sicher ein Gewitter an.

Cumulonimbus und Mammawolken
Nach Durchzug eines Gewitters lassen sich manchmal große, graue, beutelartige Wolkensäcke erkennen. Es handelt sich um eine Art »verdrehte« Haufenwolke, deren Wölbung nach unten gerichtet ist. Bei Gewitterlagen sind sie häufig in einer mittelhohen seitlichen Schicht des Cumulonimbus zu beobachten. Sie entstehen an einer Inversionsschicht. Starke Luftströmungen kennzeichnen diesen Wolkentyp, ein Regenschauer ist durchaus möglich.

Gewitterarten

Wärmegewitter

Wärmegewitter sind regionale Gewitter, die bei starker Wärme in Verbindung mit feuchter Luft nach Überschreiten der Tageshöchsttemperatur am Nachmittag oder gegen Abend niedergehen. Wärmegewitter entstehen wegen einer größeren Bodenerhitzung überwiegend in Gebirgsnähe oder über weiten Anbauflächen und Großstädten. Sie sorgen für Abkühlung an heißen Tagen. Eine Wetterverschlechterung ist nicht zu erwarten, da Wärmegewitter nur im Sommer entstehen und nach ihrer Entladung in aller Regel wieder schönes Wetter folgt.

Warmfrontgewitter

Warmfrontgewitter kommen sehr selten vor. Das Aufgleiten einer Warmfront kann aber so abrupt sein, dass sich in der vorhandenen Schichtbewölkung vereinzelt Cumulonimbuswolken einlagern und sich in leichten, nur kurz andauernden Gewittern entladen. Eine Veränderung der Gesamtwetterlage ist damit nicht verbunden.

Cumulonimbus mit nachfolgendem Kurzgewitter

Kaltfrontgewitter

Kaltfrontgewitter führen starken Regen mit sich und leiten eine Schlechtwetterperiode ein. Treten Gewitter nachts und am Morgen auf, ist mit einer nachhaltigen, regenintensiven Wetterverschlechterung zu rechnen.

Aufziehendes Kaltfrontgewitter in den Alpen

Wind interpretieren

Auch der Wind kann uns Hinweise auf die Wetterentwicklung geben. Insbesondere wechselnde Windrichtung ist ein Hinweis auf bevorstehende Wetteränderung.

Ohne Wind würde es auf der ganzen Erde kein Wetter geben. Der Wind rückt in der Wissenschaft immer mehr in den Vordergrund. Fährt man nach Skandinavien, fällt einem die steigende Anzahl an Windparks an Nord- und Ostsee auf. Aber auch in der Transportlogistik hat man den Wind und seine Energien erkannt. Auf großen Containerschiffen sollen künftig bis zu 5000 m^2 große Segel in bis zu 500 m Höhe über dem Schiffsdeck fliegen und die riesigen Schiffe unterstützend vorantreiben.
In der genannten Höhe befindet man sich weit über der Grenzschicht für Reibungsverluste und Verwirbelungen, die den Wind nahe der Oberfläche energieärmer und schwer berechenbar machen. Die Windgeschwindigkeit in dieser Höhe liegt zwischen 10 und 100 % über der am Boden – und entsprechend ist die nutzbare Energiemenge. Weil die üblichen Wetterberichte die Windrichtungen und Windgeschwindigkeiten für eine Höhe von 10 m über dem Boden angeben, ist hier ein Informationssystem nötig, das über Satellit gesteuert werden soll.

Wie entsteht Wind?

Luftmoleküle sind nie gleichmäßig über den Erdball verteilt. Je größer ihre Zahl in einem Gebiet ist, desto höher ist dort der Luftdruck. Wie Flüssigkeiten, die sich in einem Glasgefäß gleichmäßig ausbreiten, strömen Luftmoleküle immer dahin, wo sich weniger Teilchen befinden und der Luftdruck geringer ist. Zwischen Gebieten hohen Drucks und Gebieten tiefen Drucks entsteht folglich eine Sogwirkung, die als Wind bezeichnet wird.
Zu unterscheiden sind waagrechte und senkrechte Luftbewegungen (s. S. 29 u. 30), die nicht leicht zu erkennen sind und deren Entstehung durch Anzeichen in der Natur sichtbar werden.

Wind als Wetterbote

Im Frühstadium einer Wetterverschlechterung verändert sich der physikalische Zustand der Luft: Die relative Luftfeuchtigkeit steigt langsam an, und in der Atmosphäre beginnt die Luft sich zu bewegen. In der Höhe setzt Wind ein. Ihm folgen als Vorboten die Höhenwolken Cirrus und Cirrostratus. Je nach Lage, Wind und Luftfeuchtigkeit überzieht sich der gesamte Himmel mit mittelhohen Altocumulus, Altostratus und Nimbostratus.

Orkan an der Nordsee bei Hvide Sande, Dänemark

Beaufort-Skala

Beaufort	Bezeichnung	Wind in km/h
0	Windstill	0–1
1	Leichter Zug	2–6
2	Leichter Wind	7–11
3	Schwacher Wind	12–19
4	Mäßiger Wind	20–28
5	Frischer Wind	29–36
6	Starker Wind	37–49
7	Steifer Wind	50–60
8	Stürmischer Wind	61–72
9	Sturm	73–85
10	Schwerer Sturm	86–100
11	Orkanartiger Sturm	101–115
12	Orkan	116–202

Die Windbeobachtung ist in einer frühen, aber schon entscheidenden Phase nicht ganz einfach. Ein geschulter Blick für die Natur ist notwendig. In der Stadt hat man zum Beispiel durch die Beobachtung des Rauches aus Hauskaminen die Möglichkeit, die Zugrichtung des Windes und, in grober Form, seine Stärke abzuschätzen. Bei schwachem Wind steigt der Rauch leicht schräg auf, bei starkem Wind wirbelnd in waagrechter Richtung. Die Windgeschwindigkeit wird an der Beaufort-Skala gemessen, die der englische Admiral F. Beaufort im Jahre 1806 aufstellte.

Waagrechte Luftbewegung

Wind ist eine Luftbewegung, die auf regionalen Luftdruck- und Temperaturunterschieden basiert. Ursache für Luftbewegungen und somit für jeden Wetterwechsel ist die Sonnenstrahlung. Kalte und warme Luftmassen führen zu einem lokalen Gegensatz, einem Luftdruckunterschied. Es entstehen Tiefdruckgebiete (Zyklonen) und Hochdruckgebiete (Antizyklonen). Physikalisch betrachtet, versucht die Luft bestehende Druckunterschiede auszugleichen, es entsteht eine Luftströmung von Bereichen größeren Luftdrucks zu Bereichen geringen Luftdrucks. Sind die Luftdruckgegensätze sehr groß, ist heftiger Sturm zu erwarten, was gerade in den letzten Jahren zu großen Schäden geführt hat.

Blick vom Ritten über Bozen/Südtirol vor Schlechtwetteraufzug mit waagrechter Luftbewegung

Cumulus congestus steigt senkrecht nach oben.

Senkrechte Luftbewegung|

Senkrechte Luftbewegungen sind Aufwinde und Abwinde. In einem Tiefdrucksystem ist abnehmender Luftdruck bei steigenden Luftmassen zu beobachten, es entsteht ein Aufwind. In einem Hochdrucksystem ist es genau umgekehrt. Der Luftdruck steigt, die Luft fällt nach unten, es entsteht ein Abwind. Während am Boden die Luftbewegung vom Hochdruckgebiet zum Tiefdruckgebiet durch den Bodenwind gegeben ist, ist dies in der Höhe, durch den Höhenwind, umgekehrt. Führt man diese Gegebenheiten in einer Grafik zusammen, lässt sich ein geschlossenes Kreislaufsystem der Luft erkennen. Dieser Luftkreislauf bildet sich dort, wo Luftmassen verschiedener Lufttemperatur nebeneinander liegen.

Regionale und überregionale Winde

Auf der Erdoberfläche vorherrschende Windströmungen wehen auf der Nordhalbkugel aus nordöstlicher Richtung und auf der Südhalbkugel aus südöstlicher Richtung zum Äquator hin. Sie werden Passatwinde genannt. Ein Aufwärtsströmen der warmen Luft am Äquator lässt eine Zone schwacher und veränderlicher Winde entstehen. Sie heißen Kalmen.

Regionale Winde sind nur in einem lokalen Bereich vorhanden. Zu ihnen zählen der Bergwind, der Talwind, der Landwind, der Seewind und der Monsun.

Überregionale Winde sind meist starke Störungen, die über große Entfernungen hinweg auftreten. Zu ihnen werden die Wirbelstürme über dem Festland, die Orkane in der Karibik und die Taifune im Pazifik gezählt. Kleinere Störungen gehen diesen schweren Stürmen voraus. Luftmassen, die über dem Meer oder Festland liegen, strömen in einem Zentrum zusammen und bauen eine große vertikale Wirbelbewegung auf. Die Windgeschwindigkeiten, die dabei entstehen können, liegen weit jenseits von 300 km/h.

Die wichtigsten Windarten

Talwind und Bergwind

Berghänge erwärmen sich in der Sonne schneller als das Tal. Die Luft beginnt sich dabei stärker zu erwärmen und steigt auf. Der Luftdruck wird geringer, Luftmassen aus dem Tal werden angesogen. Der **Talwind** bläst die Berghänge hinauf und ist im Sommer am stärksten. Er entsteht in der Regel am Vormittag und bringt kühlere, erfrischende Luft. Seine größte Stärke erreicht er nachmittags mit 2–4 Beaufort. Im Winter verhindert die meist in den Tälern ruhende Kaltluft seine Entstehung.

Berg- (rechts) und Talwind (links) in grafischer Darstellung

Durch Wärmeausstrahlung kühlen sich die Berghänge gegen Abend schneller ab als der Talboden. Die Windrichtung kehrt sich um, der **Bergwind** bläst die Berghänge hinab ins Tal. Er entsteht am Abend und wird in der Nacht deutlich stärker. Im Laufe der Nacht flaut er dann durch Bodenreibung am unterschiedlichen Talgelände wieder ab.

Wetterlage und Vorhersage: Setzen Talwind und Bergwind aus, folgt das Eindringen einer großräumigen Luftströmung. Eine Wetteränderung durch Tiefdruckstörungen setzt ein.

Geländethermik

An schönen Tagen erwärmen die Sonnenstrahlen die Erdoberfläche unterschiedlich schnell. Eine Erwärmung ist abhängig von der Geländebeschaffenheit, wie Wasser, Fels, Gras etc. Die Aufwindgeschwindigkeit, die dabei entsteht, kann bis zu 180 m/min betragen. Nimmt die Geländethermik bis über Mittag hin weiter zu und bilden sich in der Folge quellende Cumuluswolken, ist Gewittergefahr gegeben.

Quellende Cumuli mit Gewittergefahr (am rechten Bildrand sichtbar)

Wolkenaufwind

Während des Aufbaus einer Haufenwolke wird Wärme durch Ausscheiden von Wasserdampf frei und erzeugt einen neuen, starken Aufwind, der eine Art Verlängerung der Geländethermik ist. Als Sog lässt er sich unterhalb der Wolkenuntergrenze beobachten, als stark wirkende Luftkräfte, die in die Wolke hineingesaugt werden. Am stärksten ist er in einer Gewitterwolke. Beginnt eine Haufenwolke, unter ambossartiger Verbreiterung, weiter zu quellen, kann ein Wärmegewitter entstehen. Nach seiner Entladung folgt wieder schönes Wetter.

Europäischer Monsun

Windsysteme aus nordwestlicher Richtung bringen feuchtes und nasskaltes Wetter. Als europäischer Monsun bezeichnet, treten sie zwischen den größeren Festlandsmassen und den sie umgebenden Meeren im Verlauf wechselnder Jahreszeiten auf. Es entstehen große Windsysteme, die Luftströmungen entwickeln und monatelang über viele tausend Kilometer hinweg auftreten können.

Sommermonsun

- Mit dem Aprilwetter als erstem Vorläufer des Sommermonsuns setzen Vorstöße von kühler Meeresluft in regelmäßiger Folge ein.
- Die Eisheiligen um Mitte Mai zeigen eine nächste Monsunwelle mit Kälterückfällen an.

Physikalische Kriterien für thermisch bedingte Luftbewegung

1. Langsame Erwärmung: Seen
2. Mittlere Erwärmung: Wälder
3. Schnelle Erwärmung: Felsen, Felder, große Wiesenflächen, Städte

Sommermonsunlage über dem Ammersee

- Der 3. Monsuneinfall setzt nach dem 10. Juni, der Schafskälte, ein.
- Der letzte Vorstoß des Sommermonsuns, um Siebenschläfer am 27. Juni ist entscheidend für das Wetter der nächsten Wochen. Verstärkt sich Ende Juni das Azorenhoch, werden Tiefdrucksysteme vom nördlichen Atlantik her abgesperrt. Der Sommer ist warm und trocken. Bleibt die verstärkende Entwicklung des Azorenhochs aus, folgt ein regnerischer und kühler Sommer, wie im Jahre 2002 und 2005.

Wintermonsun

- In unseren Breiten tritt der europäische Monsun zum Jahresende als Wintermonsun auf. In dieser Jahreszeit kühlen die Luftmassen über Russland ab. In Mitteleuropa wird die milde Witterung durch kalte Festlandluft aus dem Osten abgedrängt, und erste Wintereinbrüche können schon Ende Oktober nachhaltige Schneefälle bis in die Täler der Alpen bringen.
- Ein kontinentales Hochdruckgebiet über Zentralrussland führt sehr kalte Luftmassen in den Alpenraum. Werden durch ein Islandtief von Westen her milde und feuchte Luftmassen herangeführt, kommt das befürchtete Weihnachtstauwetter. Richtiges Winterwetter setzt erst dann wieder ein, wenn die Zufuhr kalter Festlandluft aus Russland die westlichen Strömungsfelder der Tiefdrucksysteme zurückdrängt.

Tornados

Tornados entstehen in Verbindung mit Gewitterwolken überwiegend vor Kaltfronten. Die wirbelnden Windschläuche ziehen mit ca. 60 km/h über Land. Kreiselwinde innerhalb des Tornados erreichen Geschwindigkeiten von über 400 km/h. Im Zentrum seines Rüssels herrscht ein enormer Unterdruck. Warme Luft wird mit bis zu 160 km/h nach oben gerissen. Der dabei erzeugte Sog vernichtet alles, was sich ihm in den Weg stellt. Auch in Deutschland richten Tornados mittlerweile, wie im Hitzesommer 2003, große Schäden an. In den letzten Jahren ist eine Zunahme von Sturmsystemen zu beobachten.

Naturbeobachtungen zur Wetterprognose

Naturbeobachtungen gewinnen immer mehr Aussagekraft, da sie, im Vergleich zu früher, messbar geworden sind. So lässt sich frühzeitig eine oft verblüffend zutreffende Wetterprognose stellen.

Natürlich ist die Beobachtung in der Natur räumlich begrenzt durch die eigene Sichtweise bis zum Horizont, an dem sich Himmel und Erde zu treffen scheinen. Diese Sicht trügt aber etwas. Steht man am Meer, erscheint der Blick zum Horizont nahezu unendlich. Man staunt dann, wenn die Berechnung (diese ist abhängig von der Erdkrümmung und der Augenhöhe des Betrachters) für einen etwa 180 cm großen Beobachter nur eine Beobachtungsentfernung zum Horizontpunkt von ca. 5000 m ergibt. Steigt man auf einen 30 m hohen Leuchtturm, ist die Sicht schon 20 km weit, und befindet man sich am Münchner Fernsehturm in etwa 150 m Höhe, ist der Horizontpunkt ungefähr 45 km entfernt – sofern man in die Ebene blickt. Eine Blickrichtung in die Berge verlängert die Sicht dann nochmal durch die Erhabenheit am Horizont.

Flora

Im Gegensatz zu Tieren sind Pflanzen an den Standort gebunden, an dem sie wachsen. Sie sind dem Wetter direkt ausgesetzt und müssen frühzeitig auf Änderungen reagieren. Eine kurzfristig bevorstehende Wetteränderung zeigen sie an, indem sie z. B. die Stellung von Blüten oder Blättern verändern. Physikalische Ursachen sind die Änderungen von Luftfeuchtigkeit und Lufttemperatur, die die Zellwände und Stiele der Pflanzen anschwellen oder erschlaffen lassen.

Blütenduft

Jeder Wanderer kennt bei schönem Wetter den Blütenduft, der über den Wiesen liegt und einen entspannenden Einfluss auf den gestressten Menschen hat. Zieht ein Gewitter auf oder kündigt sich ein Wetterumschwung an, verströmen Blüten einen stärkeren

Vor Gewittern duften Blumen stärker als sonst.

Duft als sonst. Die erhöhte Duftausströmung setzt unmittelbar vor Gewitter oder der Wetteränderung aus.

Klee

Klee gilt als zuverlässiger Wetterkünder. Drohen Unwetter, lässt er seine Blütenköpfe hängen und faltet seine Blätter zusammen.

Fauna

Eine Vielzahl von Tieren spricht durch ein spezielles oder auch verändertes Verhalten auf Wetteränderung an. Dieses zeigt sich bereits zu einem Zeitpunkt, an dem der Mensch noch nicht in der Lage ist, eine bevorstehende Wetteränderung wahrzunehmen. Im Gegensatz zum Menschen halten Tiere einen geregelten Stundenplan in ihrem täglichen Ablauf ein. Solange sie diesen nicht ändern, hat das momentane Wetter weiter Bestand. Ändern Tiere ihren gewohnten Ablauf, ist eine Wetteränderung zu erwarten.

Wild

Herrscht gegen Abend Gewitterschwüle oder steht Regen unmittelbar bevor, hält sich das Wild in den sicheren Wäldern auf. Bei anhaltend schönem Wetter sind die Tiere zur Äsung auf den Wiesen zu sehen. Insekten greifen das Haarwild bei Wetterumschwung an. Forscher sprechen dem Wild ein spezielles Haarempfinden vor Wettersturz zu. Dieses Empfinden zeigt, dass eine anstehende

Wetterverschlechterung mit einer Erhöhung der relativen Luftfeuchtigkeit beginnt, die dieses Sicherheitsverhalten der Tiere verursacht. Bei starken Wetterstürzen verlassen zum Beispiel Gämsen und Bergschafe die oberen Bergregionen, um im Tal Schutz zu finden. Diese Reaktion ist auch vor großen Wetterstürzen mit Starkgewittern zu beobachten.

Bienen

Bienen sind sichere Wetterkünder, deren Verhalten auf bestimmte Wetterlagen schließen lässt:

Schwärmen Bienen den ganzen Tag aus, bleibt das Wetter schön.

- Schwärmen Bienen früh am Morgen und dann den ganzen Tag bis zum späten Nachmittag immer wieder aus, bleibt das Wetter anhaltend schön.
- Vor einer länger andauernden Regenperiode ziehen sich die Bienen schon Tage vorher in ihren Bienenstock zurück.
- Im Vorfeld eines Gewitters werden Luftmassen elektrostatisch aufgeladen. Diese Aufladung macht Bienen aggressiv und angriffslustig. Kehren Bienen tagsüber urplötzlich zum Bienenstock zurück, ist dies ein sicheres Anzeichen für ein kurzfristiges Unwetter.
- Eine langfristige Vorhersage beschrieb Perpetua Besser (1894–1980) 1920: »Wie ein Winter werden wird, sieht man an einem natürlichen Bienenstock in der freien Natur. Anhand der Öffnung des Fluglochs lässt sich erkennen, ob der Winter streng oder mild wird. Bienen verengen im Herbst das Flugloch des Bienenstocks mit extra für diesen Zweck herangebrachtem Kittharz, das aus Harz von Kastanien, Nadelbäumen, aber auch aus Teer bestehen kann. Je enger der Schlitz des Fluglochs ist, desto härter wird der Winter. Die Einengung dient in erster Linie dem Schutz vor Kälte.«

Große Spinnennetze deuten auf anhaltend schönes Wetter hin.

Spinnen

Weiß-silberne feine Flugfäden, die ohne innere Bewegung durch die Luft zu schweben scheinen, an Sträuchern und Bäumen hängen bleiben und vom Tau benetzt in der morgendlichen Sonne glitzern, stammen von der Wolfsspinne, die sich im Herbst mit ihrer Hilfe vom Erdboden erhebt und durch die Luft gleiten kann. Die sehr kleine Wolfsspinne erzeugt die Fäden aus ihrem Hinterleib. Zum Start ist Windstille notwendig, da vom warmen Erdboden ein ständiger Luftstrom nach oben führt und die Spinne so in die Höhe mitnimmt. Weiter oben dann wird sie vom horizontalen Luftstrom erfasst.

- Steht schönes Wetter bevor, werden Netze gesponnen, da Insekten sich bei schönem Wetter in der Luft aufhalten und zur Beute werden können.
- Je anhaltender das schöne Wetter ist, desto längere Fäden und größere Netze werden gesponnen. Dies gilt auch, wenn bestehende Netze vergrößert werden.
- Die Kreuzspinne hält sich in der Mitte ihres Netzes so lange auf, bis das Wetter umschlägt.
- Ziehen sich die Spinnen aus ihren Netzen zurück und suchen einen sicheren Unterschlupf auf, steht eine Schlechtwetterperiode kurz bevor.

Auch der Aufbau eines Spinnennetzes ist für eine Vorhersage geeignet:
• Ist ein Spinnennetz locker gespannt, ist innerhalb weniger Stunden mit starkem Wind oder Sturm zu rechnen.
• Ist ein Spinnennetz dagegen straff gespannt, sind Windstille und ruhige Tage zu erwarten.
• Werden Spinnennetze bei Regen oder trübem Wetter gesponnen, ist das Ende einer Schlechtwetterlage abzusehen.

Schwalben

Die Flugbahnen der kleinen Artisten der Lüfte, die leider rar geworden sind, sind als Wetteranzeichen interpretierbar.
• Fliegen Schwalben in der Höhe, bleibt das Wetter schön. Der Grund liegt darin, dass die Insekten, die Nahrung der Schwalben, sich bei einer Schönwetterlage, also bei einem Hochdrucksystem, ebenfalls in der Höhe aufhalten.

Schwalbe beim Insektenfang dicht über dem Wasser

• Ein Wettersturz droht, wenn Schwalben in Bodennähe hin und her fliegen. Entwickelt sich eine Gewitterlage, suchen sie bodennahe Luftschichten auf, denn die Insekten verlassen dann die Höhenregionen.

Weitere Wetteranzeichen in Natur und Umwelt

Ändert sich die Wetterlage, so ändert sich der chemische und physikalische Zustand der Luftmassen in der Atmosphäre.

Sicht

Eine Wetteränderung lässt sich an der Fernsicht erkennen. Luft ist farblos. Verschiedene Partikel wie Ruß, Staub und Schadstoffe, die sich in der Luft aufhalten, beeinflussen die Beugung und Streuung des Lichts in der Atmosphäre. Durchsichtigkeit der Luft und Fernsicht verändern sich. Diese Partikel befinden sich überwiegend in der Troposphäre, d.h. im unteren Bereich der Atmosphäre, und werden mit zunehmender Höhe weniger, da sie schwerer als Luft sind. Steigt der Luftfeuchtigkeitsgehalt, setzt sich an den Partikeln Wasserdampf an. Sie werden größer und trüben die Sicht.

• Eine langsam einsetzende Eintrübung der Luft zeigt eine ständige Zunahme der Luftfeuchtigkeit. Eine Wetterverschlechterung tritt ein.

• Fernsicht mit scharfen Geländekanten und klarer Luft kündigt Wetterverschlechterung an.

• Auch die subjektive Luftfärbung deutet auf eine Wetteränderung hin: Weht ein starker Wind, deutet ein tiefblauer Himmel auf unbeständiges Wetter hin. Bei Windstille oder mäßigem Wind ist ein blauer Himmel ein Hinweis auf beständiges Wetter.

Die Beugung und Streuung des Lichts an kleinen Luftpartikeln erscheint blau. Das Blau kann aber nur in Erscheinung treten, wenn keine weiteren größeren Partikel in der Luft vorhanden sind. Das

Licht würde sonst als weißes Licht reflektiert werden. Erscheint der Himmel weißlich, ist bereits Feuchtigkeit in der Luft enthalten, und eine Wetterverschlechterung mit Niederschlag wird einsetzen.

• Graue Luft ohne Wolkenkonturen ist kein Hinweis auf Regen. Erst wenn Schichtwolken auftreten, wird es in den kommenden Stunden regnen.

• Luftflimmern an heißen Sommertagen ist ein Schönwetterbote. Als Zeichen der Temperaturlage über einer Bodenfläche entsteht es durch Bewegung ungleichmäßig erwärmter kleiner Luftschläuche.

Rauchfahnen

Hauskamine können als gutes Hilfsmittel zur Wetterbeobachtung dienen, denn Rauch aus Kaminen zeigt die Bewegung der Luft, Luftdruckverhältnisse und Windrichtung an.

Rauchfahnen in winterlicher Lage über den Dächern von Erling/Andechs

• Eine Rauchfahne, die unregelmäßige Formen aufweist, ist die Folge böiger Winde. Eine Wetterverschlechterung kündigt sich an.
• Eine Schönwetterlage lässt sich erkennen, wenn der Rauch aus einem Kamin steil emporsteigt; dann herrscht hoher Druck in den umgebenden Luftschichten.
• Rauch, der ziemlich waagrecht abzieht, ist schwerer als die umgebende Luftschicht und zeigt, dass tiefer Druck vorhanden ist. Folge ist unbeständiges und regnerisches Wetter.
• Diese Bauernregel stimmt: Ein mit Holz oder Kohle beheizter Ofen zieht vor einem Wettersturz sehr schlecht!

»Dampf« über Wäldern

Manchmal lassen sich im Sommer Schwaden über Wäldern oder freien Flächen beobachten; die Bäume scheinen zu »rauchen«.
• Setzt besonders über Wäldern ein Dampfen ein, ist dies ein Anzeichen für besonders hohe Luftfeuchtigkeit. Mit einem Gewitterschauer oder Regen innerhalb der nächsten Stunden muss gerechnet werden.
• Gleiches ist zu beachten, wenn nach einem Wärmegewitter derselbe Effekt auf Strohhüttendächern auftritt. Ein weiteres Gewitter wird bald niedergehen.

Akustik von Luftmassen

Schall wird von feuchter Luft besser geleitet als von trockener Luft.
• Sind Geräusche aus der Ferne deutlich zu hören, hat die Luft viel Feuchtigkeit aufgenommen. Eine Wetterverschlechterung kann eintreten.
• Eine Änderung der Akustik kann aber auch durch Winddrehung erfolgen. Zur Abklärung muss die Windrichtung beachtet werden, denn nicht jede Winddrehung bringt eine Wetterverschlechterung.

Interpretation der Wetterkarte

Die Wetterkarte ist das wichtigste Hilfsmittel zur Wettervorhersage. Sie ist auch die Basis für die durch eigene Beobachtungen verfeinerte und optimierte Prognose.

Moderne Medien wie Internet, PDA oder Handy bieten heute umfassende Möglichkeiten, Wetterdaten abzurufen und mit ihrer Hilfe eine detaillierte regionale Wetterprognose selbst zu erstellen.

Eine Wetterkarte hält folgende Informationen bereit:

- Lage der Drucksysteme, Informationen über Luftdruck (Isobaren)
- Warmfronten und Kaltfronten
- Luft- und Windströmungen
- Luft- und Wassertemperaturen
- Wolkenbedeckung und Niederschläge

Eine Wetterkarte richtig lesen

Das Lesen einer Wetterkarte sieht schwieriger aus als es ist, denn die Zeichen der Wetterkarte sind logisch einfach aufgebaut.

Schlüssel für meteorologische Informationen aus der Wetterkarte

1. Beobachtungsorte wie Wetterstationen werden durch einen kleinen Kreis angezeigt, der je nach Ausfüllung gleichzeitig den Bewölkungsgrad angibt.
2. Am Kreis ist ein Windpfeil angefügt, der die Richtung angibt, aus der der Wind auf die Beobachtungsstation bläst. Die Querstriche am Ende des Pfeils, einfach oder doppelt lang, zeigen die Stärke des Windes an.
3. In der Nähe der Wetterstationen sind Sichtverhältnisse, Niederschläge und Lufttemperaturen eingezeichnet, wobei eine Angabe »Nebel« erst dann zutrifft, wenn die Sicht unter 1000 m liegt.

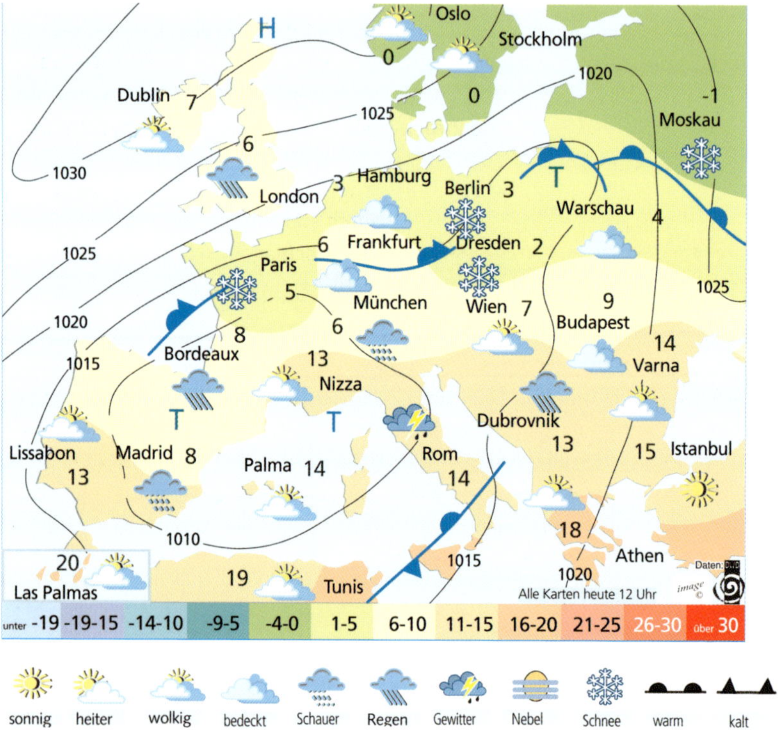

Wetterkarten werden in vielfältiger Form in den verschiedensten Medien angeboten. Hier die Wetterkarte vom 21. Februar 2006 im Münchner Merkur. Neben einer Übersichtskarte mit einfachen Wettersymbolen (oben) gibt es eine Vorhersage für die folgenden 4 Tage, Angaben zu den Mondphasen sowie Auf- und Untergangszeit von Sonne und Mond (unten).

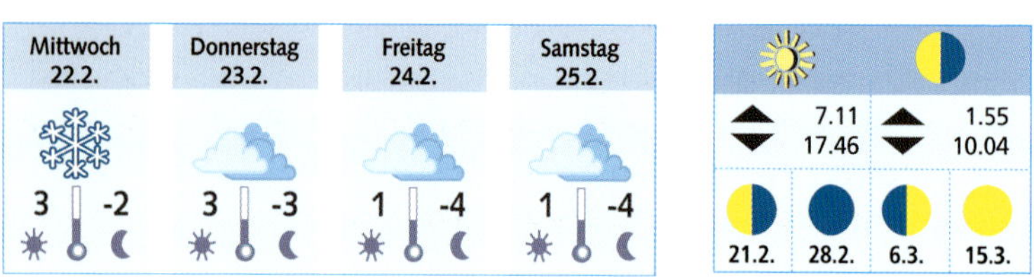

4 Die durchgezogenen Linien, die Isobaren, verbinden die Orte gleichen Luftdrucks. Um die Vergleichbarkeit zu gewährleisten, werden alle Werte auf Meereshöhe reduziert. Die Druckkerne sind mit »H« für ein Hochdruck- und »T« für ein Tiefdrucksystem bezeichnet.

5 Die Zeichen für Wetterfronten und großräumige Strömungssysteme gliedern sich an.

Für einen Wetterumschwung sind Fronten verantwortlich, die über 1000 km im Durchmesser haben können.

Druck- und Strömungssysteme

Strömungssysteme transportieren Luftmassen über große Entfernungen um den Erdball. Für das Wetter in Mitteleuropa sind 4 verschiedene Luftmassen von Bedeutung:

- Feuchte Meeresluft
- Festlandsluft
- Polarluft
- Tropische Luft

Bewegungen von Drucksystemen

Drucksysteme bewegen sich nach Richtung und Geschwindigkeit sehr unterschiedlich, wobei es stationäre und wandernde Drucksysteme gibt. Die Bewegung von Drucksystemen wird durch Luftströmungen im oberen Bereich der Troposphäre beeinflusst. Durch die Erddrehung bedingt und in Verbindung mit Höhenwinden liegt die Zugrichtung von Zyklonen und Antizyklonen um West. Die Fortbewegungsgeschwindigkeit ist dabei von der Höhenströmung abhängig. Je großflächiger ein Drucksystem ist, desto geringer ist seine Geschwindigkeit. Der Wechsel von einem Drucksystem zum anderen liegt bei ungefähr 24 Stunden. Warmfronten ziehen langsamer als Kaltfronten.

Fronten

Eine Wetterfront ist das Aufeinandertreffen von Luftmassen verschiedener Temperaturen. Die Entwicklung einer Wetterfront zeigt sich auf der Wetterkarte durch Linien (Isobaren) in Ringform. Die ankommende Warmluft wird nach oben gehoben, wenn sie auf Kaltluft stößt. Der Luftdruck fällt in der Mitte des Druckgebiets am stärksten und steigt nach außen hin an.

Kaltfront

Nähert sich eine Kaltfront, dreht der Wind auf südwest- bis südliche Richtung, der Himmel bleibt zunächst teils bedeckt; im Sommer treten verstärkt Cumuli auf, die stark aufquellen und erste Gewitter zur Entladung bringen. Die vor der Kaltfront liegende warme Luft wird schnell nach oben angehoben. Diese schnelle Aufwärtsbewegung kühlt die Luft ab, es bilden sich Cumuli. Aus Westen erfolgt weitere Wolkenverdichtung mit schauerartigem Regen. Kaltfrontgewitter entstehen, die von besonders starker Intensität sind. Mit Einsetzen der Gewitter kommt stark böiger Wind aus südwest- bis westlicher Richtung auf. Die Lufttemperatur fällt schnell. In der Wetterkarte werden Kaltfronten durch Dreiecke in Zugrichtung dargestellt.

Warmfront

Warmfronten haben einen schichtförmigen Wolkenaufzug, der bis zu einem Tag dauern kann. Er beginnt mit hohen Cirrus- und Cirrostratuswolken, die die Sonnenintensität zunächst noch nicht beeinflussen. Die Windrichtung dreht auf West bis Nordwest, die klare Luft weicht. Am Himmel sind Halo-Erscheinungen (s. S. 11) zu erkennen. Die Wolken verdichten sich weiter und erhalten eine graue Struktur. Altocumulus überzieht als mittelhohe Schichtwolke den Himmel in grauen flachen Walzen. Die Verdichtung wird stärker, die Sonne erscheint wie hinter Milchglas – ein klares Zeichen für Altostratus, der den Himmel jetzt fast ganz überdeckt.

Der Wind dreht wieder auf West bis Südwest. Die Wolkenuntergrenze senkt sich ab, und es beginnt aus Nimbostratus zu regnen. Der bisherige Warmfrontablauf wird als Aufgleitfront bezeichnet. Pro 100 km Zugrichtung gewinnt die Warmluft nur 500 m an Höhe. Die Niederschläge einer Warmfront dauern in der Regel bis zu einem Tag und lösen sich nach mäßiger Intensität wieder auf. In der Wetterkarte werden Warmfronten durch halbkreisförmige Zeichen in Zugrichtung dargestellt.

Hochdruck- und Tiefdruckgebiete

Hochdruckgebiet (Antizyklone)

• Ein Hochdruckgebiet bringt klares, trockenes und ruhiges Wetter. Es ist überwiegend stationär und zeigt eine geringe Windstärke. Auf der Wetterkarte sind Hochdrucksysteme einfach zu erkennen, da ihre Isobarenlinien wegen der gleitenden Druckverteilung weiter auseinander liegen.

• Ist ein Hochdruckgebiet voll ausgeprägt, sind auch die Temperaturunterschiede fließend. Auf der Nordhalbkugel der Erde liegen die höchsten Temperaturen im Westen eines Hochdruckgebiets in einer südlichen Strömung. Die tiefsten Temperaturen liegen im Osten in einer nördlichen Strömung. Im Norden und Süden wechseln sie entsprechend der Strömungsstärke.

Hochdrucklage über der Seiser Alm/Südtirol mit Blick auf die Langkofel-Gruppe

Stationäre Hochdruckgebiete

Für Mitteleuropa ist das Azorenhoch wetterbestimmend. Stationäre Hochdruckgebiete fallen im Sommer durch lange Hitze- und Trockenperioden auf und führen vereinzelte Cumuluswolken mit sich.

Wetterlage und Vorhersage

- Cumuli bilden sich im Tagesverlauf und lösen sich kurze Zeit nach ihrer Entstehung wieder auf, spätestens gegen Abend.
- Im Winter bilden sich nach Auskühlen des Erdbodens Cumuli und sind für tagelangen Nebel verantwortlich. Dieser löst sich erst bei Eintreffen eines Tiefdruckgebiets durch Wolken in der Höhe auf. Eine Wetterveränderung kündigt sich durch Winddrehung auf westliche Richtung an.

Tiefdruckgebiet (Zyklone)

Großflächige Tiefdrucksysteme entstehen, wenn sich nebeneinander liegende kalte und warme Luftmassen ineinander verdrehen. Tiefdrucksysteme, die für den mitteleuropäischen Raum von Bedeutung sind, entstehen an der Grenzlinie zwischen polaren Luftmassen im Norden (Islandtief) und tropisch warmen Luftmassen im Süden (Azorenhoch). Von einer ersten Entwicklung bis zum ausgewachsenen Zyklonen-Wirbel können bis zu 4 Tage vergehen. Tiefdrucksysteme kündigen sich durch optische Wettererscheinungen wie Halo und Nebelsonnen (s. S. 11) am Himmel an.

Wetter- und Wolkenabfolge beim Durchzuge eines Tiefdruckgebietes; unten die Windverhältnisse sowie Luftdruck (blau) und Lufttemperatur (rot).

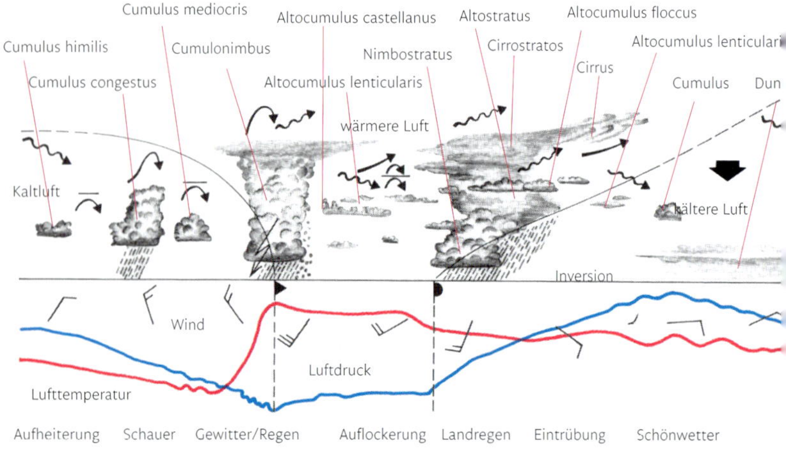

Aufzug eines Tiefdruckgebietes am Ritten/Südtirol

Ablauf eines Tiefdruckgebietes

1 **Vorderseitenwetter**

- Der Himmel ist blau, der Wind kommt leicht aus südöstlicher Richtung. Gegen Mittag dreht der Wind auf Süd, die Luft ist glasklar.
- Am frühen Nachmittag kündigt sich am Himmel mit dem Erscheinen schichtenförmig angeordneter Aufgleitbewölkung ein Wetterumschwung an. Keilartig ziehen auf bis zu 1000 km Länge Wolken in der Höhe auf.
- In etwa 12 km Höhe beginnen erste faserige Cirruswolken aus südlicher bis südwestlicher Richtung einen Wetterumschwung anzuzeigen. Ein Aufgleitvorgang hat begonnen.
- Einige Stunden später setzt Cirrostratus ein. Sicheres Zeichen des Wetterumschwungs sind jetzt die Nebensonne und der Sonnenring (Halo).
- Am Barometer fällt der Luftdruck, die Lufttemperatur beginnt zu sinken.
- Geschlossener Altostratus zieht auf und lässt die Sonne wie hinter Milchglas erscheinen. Die Aufgleitbewölkung bedeckt den Himmel mittlerweile vollkommen.
- In der weiteren Folge trifft erster Nimbostratus ein. Zwischen 150 und 300 km vor der Frontenlinie fällt Landregen aus tief liegenden Schichtwolken, die mit Stratus verbunden sein können.
- Der Wind bläst auffrischend aus Süd bis Südwest, der Luftdruck bleibt auf dem gefallenen Niveau; die Lufttemperatur ist jetzt kühl.

Cumulonimbus in abendlicher Stimmung

2 **Warmsektor**

- Tief liegende Schichtwolken lösen sich im Laufe der folgenden Tage auf. Der Landregen lässt nach, vereinzelte Aufheiterungen geben schon einen Hinweis auf besseres Wetter.
- Der Luftdruck bleibt konstant, die Lufttemperatur steigt.
- Der Wind kommt in mittlerer Stärke aus Südwest.
- Im weiteren Verlauf klart es auf, und die Sonne scheint, die Sichtweite bleibt aber mäßig.
- Stratocumulus und Haufenwolken werden mit Altocumulus und Altostratus, manchmal auch mit vereinzelten hohen Cirruswolken ergänzt.

3 **Rückseitenwetter**

- Kaltluftmassen ziehen über den Atlantik aus westlicher Richtung nach Mitteleuropa.
- An ihrer Front wird die kalte Luft heftig emporgehoben.
- Stark quellende Cumuli bilden jetzt den aktivsten Teil des Tiefdrucksystems. An der Kaltfrontfläche bricht kalte Luft in den Warmsektor ein und hebt diese schnell nach oben. Starke Schauer mit eingelagerten Gewittern werden von böigen Winden aus Nordwest begleitet. (Im Sommer quellen Cumuli stark nach oben und bilden große Cumulonimbuswolken aus, die sich in starken Gewittern mit kräftigen Blitzen entladen können.)
- Der Luftdruck, der vor Eintreffen der Kaltfront nochmals gefallen ist, steigt mit Einbruch der Kaltluft stark an, die Temperatur fällt in kurzer Zeit um mehrere Grade.
- Hinter der Kaltfront löst sich die Bewölkung schnell auf. In einigen Stunden werden Regen und Wind nachlassen. Cumulus- und kleinere Cumulonimbuswolken bringen noch singulär Regenschauer.
- Dann lösen sich die Regenwolken auf. Vereinzelte Cumuli stehen noch am Himmel.
- Die Lufttemperatur sinkt noch etwas, der Luftdruck steigt langsam.

Fallbeispiele

Bestimmte Wettersituationen wiederholen sich in charakteristischer Weise. Wer sie kennt, kann eigene Beobachtungen und Wetterkarte besser aufeinander abstimmen und liegt in seinen Prognosen viel genauer.

Ablauf einer Wetterverschlechterung am Beispiel 14.11.2005, Ende eines schönen Herbstes|

Nach einem verregneten Sommer 2005 hatte sich über Wochen hinweg schönes Wetter eingestellt, das zu einem farbenfrohen und einmaligen Herbst führte. Die Wetterkarte vom 14.11.2005 zeigte dann an, dass sich die Großwetterlage umzustellen begann. Auf dem Satellitenbild von EUMETSAT war der Bereich Mitteleuropa frei, der Bereich Nordschottland bis Südfinnland mit einem weißen Wolkenband überzogen. Das stabile Hochdrucksystem über Mitteleuropa wurde durch eine Kaltfront, die aus Norden über die Nordsee nach Deutschland gezogen war, abgelöst. Auf der Rückseite einer zu den Alpen drehenden Kaltfront setzte sich am 16.11.2005 dann deutlich kältere Luft durch, die Temperaturhöchstwerte gingen zunächst auf 4 °C– 8 °C zurück,

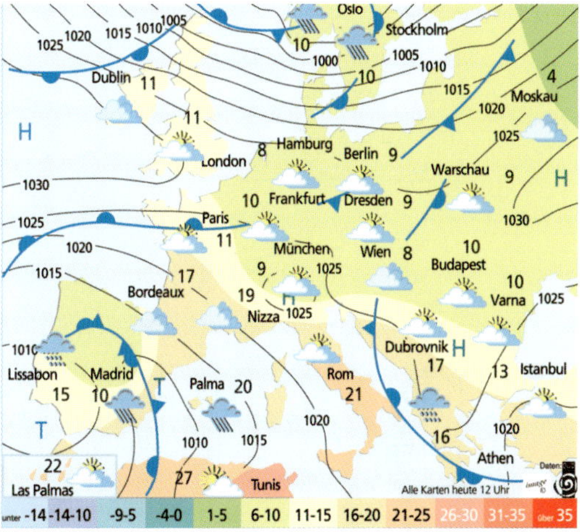

Wetterkarte vom 14.11.2005

in der Folge bis zum 18.11.2005 auf 0°C. In den höheren Lagen der Mittelgebirge herrschte dann Dauerfrost. Die Schneefallgrenze sank auf 400–700 m, die Niederschläge gingen, je weiter man nach Süden kam, von Regen in Schnee über. Auch an den Folgetagen war es kalt.

Die Luftdruckkarte vom 14.11.2005, 19.00 Uhr, zeigte an der deutsch-dänischen Grenze 1013 hPa an. Die Isobaren in Richtung des Tiefdruckgebiets fielen bis zur Südspitze Norwegens auf 887 hPa in kurzen Abständen, während die Isobaren im Hochdruckgebiet über dem mitteleuropäischen Festland entfernungsmäßig weit auseinander lagen (Südfrankreich 1017 hPa, Griechenland 1025 hPa, Kaukasus 1025 hPa). Die Wetterprognose konnte bis 17.11.2005 als ziemlich sicher gestellt werden, bis 19.11.2005 als weniger sicher.

Omegalage am Beispiel 15.7.2003 – Hitzesommer in Mitteleuropa

Der Hitzesommer 2003 brachte den Begriff »Omegalage« (nach dem griechischer Buchstaben Ω) erstmals richtig in die Medien. Dabei wurde ein beständiges und nahezu ortsfestes Hoch-

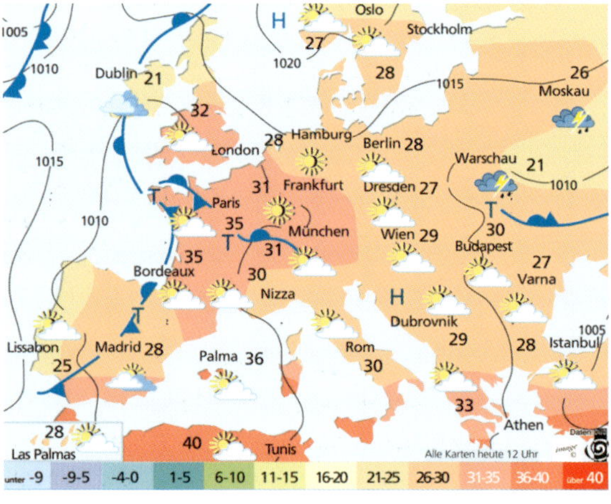

Wetterkarte vom 15.7.2003

druckgebiet von 2 Tiefdruckgebieten, die ebenfalls lokal sind, »eingezwängt«. Auf dem Satellitenbild ist eine Form zu erkennen, die einem Omega ähnelt. Charakteristisch für diese Wetterlage sind im Einzugsbereich des Hochdruckgebiets im Sommer Trockenheit und Wärme, im Winter strenger Frost. Im Einzugsbereich der Tiefdruckgebiete herrscht über Tage hinweg starker Niederschlag. Unwetter mit Gewittern im Sommer, starke Schneefälle im Winter bringen große Gefahren.
Eine Omegalage blockiert mit ihrem Hochdruckgebiet die Westdrift vom Atlantischen Ozean und leitet durch ihre beständige und ortsfeste Lage die Höhenströmung um. Tiefdruckgebiete, die vom Atlantik herziehen, werden gezwungen, sich einen anderen Weg zu suchen.
Die Großwetterlage in Europa war am 15.7.2003 durch eine Omegalage gekennzeichnet. Ein blockierendes Hochdruckgebiet über Nordeuropa/Nordmeer und ein Tiefdruckkomplex über Westeuropa und dem Atlantik, dessen Fronten gegen das blockierende Hoch ost- und nordostwärts nach Mitteleuropa drehten, ergaben die Situation. Im Vorfeld der Fronten bestimmte sehr warme bis heiße Luft die Temperaturen in Deutschland. Die Höchsttemperaturen lagen dabei im Rheingebiet zwischen 31 °C und 37 °C.
Der 16.7.2003 hatte eine besondere Gewitterlage zu bieten, deren Schwerpunkt den Südwesten und Westen Deutschlands mit einer hohen Zahl an Blitzeinschlägen, Sturmschäden, Hagel und örtlichen Starkregenfällen traf. Etwas schwächere Gewitter waren in Bayern niedergegangen. Im Nordosten waren nur noch Teile Niedersachsens und Thüringens von Gewittern betroffen.

5b-Wetterlage (20.8.2005)

In der Meteorologie werden die Zugstraßen von Tiefdrucksystemen speziell bezeichnet. So steht die 5b-Wetterlage für ein Tiefdruckgebiet, das aus dem Golf von Genua über die Alpen nordostwärts auf einer Linie Österreich, Ungarn und Polen zieht. Im

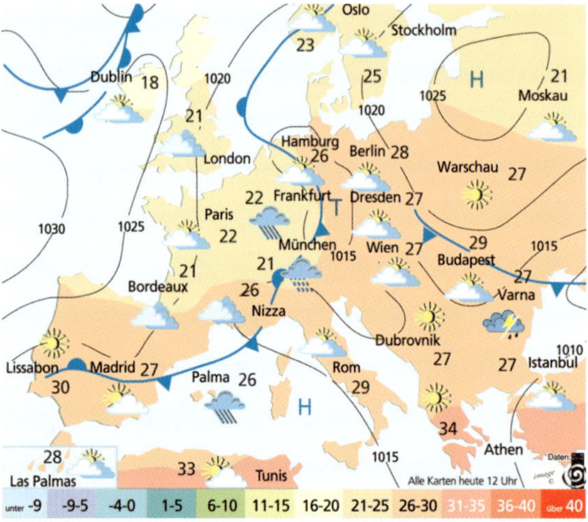

Wetterkarte vom 20.8.2005

Alpenraum und auch in den nördlich angrenzenden Ländern zeigt sich eine 5b-Wetterlage durch starken Niederschlag. Bekannte Erscheinungen sind das Oderhochwasser 1997, das Elbhochwasser 2002 und die Augustflut 2005 in Bayern entlang der Voralpen. 5b-Wetterlagen treten überwiegend im Frühjahr und Herbst auf, sind aber grundsätzlich in jeder Jahreszeit zu erwarten. Im Sommer sind die Wolken durch das aufgeheizte Mittelmeer besonders niederschlagsreich. Eine südliche Luftströmung mit hohen Temperaturen transportiert viel Feuchtigkeit, die feuchtwarme Luft gleitet dann auf der Vorderseite eines Tiefdruckgebietes auf die am Boden liegende Kaltluft auf und führt zu lang anhaltenden Niederschlägen, die zeitlich nicht vorherbestimmbar sind.

Ein jahreszeitliches Wetterphänomen: das Aprilwetter

Verantwortlich für das berühmt-berüchtigte Wetterchaos im April sind Wetterlagen, bei denen in Folge der Luftdruckverteilung große Luftmassen über weite Strecken in nördlicher und südlicher Richtung transportiert werden. Im April sind überwiegend

Nordwest- und Nordlagen wetterbestimmend, in deren Verlauf Luftmassen aus dem kanadischen Archipel oder aus dem Bereich Grönland/Island in den mitteleuropäischen Raum fließen. Durch diese Strömungsanordnung kann die Atmosphäre das Temperaturgefälle zwischen hohen und niederen Breiten ausgleichen. Der europäische Kontinent erwärmt sich schneller als das ihn umgebende Meer. Tiefer Luftdruck bildet sich über dem Festland, und kalte Meeresluft kann in unsere Breiten vorstoßen.
Die typische Charakteristik des Aprilwetters liegt darin, dass Luftmassen polaren Ursprungs auf ihrem Weg in den Alpenraum zunehmend erwärmt werden. Je schneller sie ziehen, desto geringer ist ihre Erwärmung und entsprechend kalt kommen sie bei uns an. Noch über der Nordsee sind diese Luftmassen ziemlich harmlos. Sie ziehen in loser Reihenfolge über das Meer, obwohl ihre Stabilität bereits langsam nachlässt. Sobald sie aber an der Küste über Land kommen, gelangen sie unter plötzliche Bodenreibung. Lang gestreckte Zonen von Wolkengebirgen bilden sich, aus denen anfangs Regen-, später starke Schneeregen- und Graupelschauer fallen. Ist eine Temperaturabnahme mit 0,8 °C/100 m erreicht, genügt ein kleiner Anstoß, um die Wolken »explodieren« zu lassen. Unzählige Schauer, die meist linienartig aneinander hängen, ziehen dann über Land. Starke Niederschläge treten vor allem im Staubereich der Berge auf und führen zu Nordföhnerscheinungen. Dringt Meeresluft westlich der Berge in den Mittelmeerraum ein, kommt es in südlichen Regionen zu einem erheblichen Zusammenstoß zwischen der einziehenden Kaltluft und den dort vorhandenen warmen Luftmassen. Als Folge treten Graupelschauer mit kurzen Gewittern auf, während im Mittelmeerraum starke Hagelschauer niedergehen. Als Begleiter der Niederschläge ist dabei der Wind zu beachten. Je nach Höhe, in der sich der Bergsportler bewegt, treten unterschiedliche Windstärken auf. Das typische Erscheinungsbild eines Apriltages sind ein Abwechseln von Sonnenschein und Niederschlägen sowie häufige Regenbogen.

Lokale Besonderheiten

Besondere regionale Gegebenheiten, etwa eine Gebirgskette, die Lage des Wohnortes an einem großen See, in einem feuchten Talkessel, am Hang eines größeren Berges usw., können zu charakteristischen Abweichungen im Wettergeschehen führen. Wer diese Faktoren durch langjährige Beobachtung analysiert und dann in seinen Wetterprognosen berücksichtigt, kann die Trefferquote erheblich steigern.

Oftmals ergeben lokale Wetterbesonderheiten eine andere Entwicklung, als es die Wetterkarte vermuten lässt. Bergzüge, Seen, Hanglagen, aber auch Waldflächen oder große Glasgebäude in den Städten nehmen Einfluss auf das örtliche Wettergeschehen. In einem Talkessel können sich »stellenweise leichte Nachtfröste« mit großer Sicherheit einstellen, während an einer Südhanglage bei bewölktem Himmel niemals etwas davon zu spüren sein wird. Im Volksmund heißt es: »An der Diessener Kirche scheidet sich das Wetter.« Wie kommt es zu dieser Aussage, die aus einer Bauernregel stammt? An diesem Ort drehen Gewitter, die aus West Richtung Ammersee ziehen, nach Norden ab und ziehen entlang des westlichen Ammersees ins Dachauer und anschließend Erdinger Moor, oder sie wandern südlich nach Seeshaupt, unterhalb des Starnberger Sees entlang. Grund ist, dass der Ammersee weniger Thermik hat als das ihn umgebende Land, das im Sommer wesentlich stärker aufgeheizt ist. Zahlreiche derartige Prognosen finden in den Bauernregeln ihre Basis, da sie auf den Ort ihrer Beobachtung bezogen ein bestimmtes Wetter folgen lassen, auf das man sich ziemlich sicher verlassen kann.
Zur eigenen Vorhersage vor Ort ist die Beobachtung der Messgeräte wie Barometer für den Luftdruck, Hygrometer für die Luftfeuchtigkeit und Thermometer für die Temperatur wichtig. Generell gilt: »Langsame Veränderungen ergeben anhaltendes Wetter. Schnelle Veränderungen ergeben unbeständiges Wetter.« Diese sollten mit dem Kompass zur Ermittlung der Windrichtung ergänzt werden.

Föhn

Föhn ist in der Regel ein warmer, trockener Wind, der an der dem Wind abgewandten (Lee-)Seite eines Gebirges talwärts fällt. Er kann zu jeder Jahreszeit entstehen, ist aber im Herbst und teils im Frühjahr besonders häufig. Föhn ist besonders bekannt aus dem Voralpenland, kommt aber in schwächerer Form auch in den deutschen Mittelgebirgen und in zahlreichen anderen Regionen der Welt wie beispielsweise den Rocky Mountains vor.

Föhnwolken|

Am Himmel steht die klassische Föhnwolke, Altocumulus lenticularis. Allein oder im wellenartigen Verbund überzieht sie das Firmament. Ihre Gestalt verändert sich kaum, ihr scharf markierter Rand macht sie für jeden eindeutig erkennbar. Sie gehört zu den mittelhohen Wolken und ist eine typische Form des Altocumulus. Der »Föhnfisch«, wie er auch genannt wird, steht überwiegend allein, manchmal auch in Begleitung von den hohen Wolken Cirrus und Cirrocumulus, die teilweise gleiche Formen (fisch- oder mandelförmig) haben können.
Lenticulariswolken weisen einen stark ausgeprägten Rand auf und verändern ihr Aussehen in einem permanenten Rhythmus, der aber kaum sichtbar ist. Dieser Rhythmus besteht aus einem Abschmelzen von Wassertröpfchen an den Rändern der Wolke bei gleichzeitigem Hinzuführen neuer Wassertröpfchen aus dem Inneren. Die Föhnwolke zeigt einen Absinkvorgang an, bei dem

Föhnlage im Voralpenland bei Pähl/Oberbayern.

Föhnmauer über den Bayerischen Alpen mit vorgelagertem Bodennebel bei Machtlfing.

zusammenhängende Wolkenfelder zerfallen und kleine Inseln bilden, die an den Rändern aufgelöst werden und ihre schichtförmige Ausbreitung verlieren.
Eine weitere Erscheinungsform ist die Föhnwoge. Sie entsteht durch Wellenaufwind in Lee. Ihre untere Grenze liegt bei etwa 6000 m Höhe. Die Vorderseite der Wolke zeigt einen markanten Rand, die Rückseite ist zerrissen und im permanenten Auflösen begriffen. Ihr Standort ändert sich nur, wenn der Südwind seine Geschwindigkeit ändert.

Wetterlage und Vorhersage

- Unter ständig fallendem Luftdruck nimmt der Südwind in allen Höhenlagen an Stärke zu.
- Feuchte und wolkenreiche Luftmassen ziehen über Norditalien. In den Südalpen fällt starker, lang anhaltender Regen.
- Eine zerrissene, vielschichtige Bewölkung begleitet in der Höhe die so genannte Föhnmauer, die sich über den Bergkämmen gebildet hat. Die Kaltluft hat Oberitalien und die Schweiz bis zum Alpenhauptkamm überflutet. Die Föhnmauer besteht aus den letzten Ausläufern des Regengebiets der Tiefdruckgebiete.
- Die Luftmassen stürzen als starker Fallwind ins Alpenvorland. Der Absinkvorgang erwärmt die Luft und trocknet sie aus. Dies bewirkt auch einen schlagartigen Abfall der Luftfeuchtigkeit, was zu körperlichem Unbehagen bei vielen Menschen führt.
- Im Voralpenland löst der Föhn die vorhandene Bewölkung auf und die Sonne scheint in der Folge, meist tagelang, am blauen Firmament.

Nebel

Nebel ist eine auf dem Boden aufliegende Wolkenart aus Wassertröpfchen oder an sehr kalten Wintertagen aus Eiskristallen. Nebel entsteht durch Abkühlung einer am Boden aufliegenden Luftschicht.

Wetterlage und Vorhersage

- Ist ein Hochdruckgebiet vorhanden, begünstigt eine sternenklare Nacht die Bedingungen für eine Abkühlung. Der Erdboden kann ab Oktober bereits über 13 Stunden die tagsüber entstandene Wärmeenergie in die Atmosphäre abstrahlen. Die Abkühlung geht von der Erdoberfläche aus. Weil bodennahe Luftschichten stärker auskühlen als höher gelegene, bildet sich eine Verdichtung des überschüssigen Wasserdampfs zu Wassertröpfchen – Nebel entsteht.
- Während es in Nebelgebieten kalt ist, scheint bereits in etwa 800 m Höhe die Sonne mit milder und trockener Höhenluft und einer guten Fernsicht.
- Hochdrucklagen haben oft lange Bestand, somit auch eine vorhandene Nebellage. Eine Wetteränderung ist erst dann zu erwarten, wenn Schicht- und Schäfchenwolken von Südwesten am Himmel aufziehen. Diese sind Vorboten eines atlantischen Tiefdruckgebiets. Die Wolken verdichten sich sehr schnell, sinken ab und gehen in Regenwolken über, die die Nebellage beenden und lang andauernden Regen oder Schneefall bringen.

Inversionslagen

In der Atmosphäre nimmt die Temperatur der Luftschichten mit steigender Höhe ab. Bei einer Inversion trifft dies nicht zu. In der Meteorologie spricht man deshalb von Temperaturumkehrschichten.

Die Inversion ist eine typische Erscheinung von herbstlichen oder winterlichen Hochdrucklagen. Ist es normalerweise auf den Bergen kälter als auf dem flachen Land, so ist es bei einer Inversion umgekehrt.

Morgenrot und Abendrot

Durch feinste schwebende Teilchen tritt eine Trübung der Luft ein, das Himmelblau verblasst. Je feuchter die Luft ist, desto dunstiger erscheint sie. Das Licht der tief stehenden Sonne legt einen langen Weg durch die dunstreichen Schichten der Erdatmosphäre zurück und verliert an Wirkung. Das kurzwellige blaue Licht wird aus den Sonnenstrahlen weggestreut. So erscheint die Sonnenumgebung gelb und rot. Je tiefer die Sonne steht, umso höhere und staubärmere Luftschichten werden von der Sonne bestrahlt.

Wetterlage und Vorhersage

- Morgenrot und Abendgrau zeigen Wetterverschlechterung an.
- Morgenrot tritt nur in Verbindung mit Wolken auf, die aus westlicher Richtung gezogen kommen und eine Wetterveränderung mit sich bringen.
- Morgengrau und Abendrot künden schönes Wetter für den folgenden Tag an.

Wetterlage und Vorhersage

Temperaturumkehrschicht bei einer Warmfront
Auf dem Boden liegen kalte Luftmassen, über die wärmere Luft aufgleitet. An der Trennung beider Schichten, Inversionsgrenze genannt, wird die Temperatur plötzlich höher. Der Luftaustausch wird verhindert und es entsteht eine Smoglage, die längere Zeit andauern kann.

Temperaturumkehrschicht bei einer Kaltfront
Kältere Luftmassen schieben sich unter warme Luftmassen, die angehoben werden. Es entsteht der gleiche Effekt wie bei einer Warmfront. Die Umkehrschichten liegen über dem Flachland in einer Höhe von ca. 500 m, in den Bergen bei 2000-4000 m Höhe. Die Folge ist diesiges, kaltes Wetter über Tage hinweg.

Ein Wort zum Schluss

Jeder kann für sich in den Medien und im Internet ausführliche und umfassende Informationen von der langfristigen Wettervorhersage bis zum Biowetter abfragen. Nahezu alle Wetterdienste stellen diese Informationen zur Verfügung. Die eigenen Beobachtungen der Vorgänge in der Natur ergänzen die meteorologischen Beobachtungen. Jede dieser Informationen ergibt einen Mosaikstein für Ihre Wetterprognose. Und je mehr Mosaiksteine gesammelt werden, desto sicherer wird die eigene Wettervorhersage.

Der bekannte Wetterexperte Jörg Kachelmann sagt: »Voraussetzung für jede präzise Wetterprognose sind präzise Kenntnisse regionaler Wetterdaten ...« Dem ist nur hinzuzufügen: ... und die Beobachtung des großen »W«: der Wolken, des Windes und der Wettererscheinungen in der Natur!

Literaturhinweise

Keidel (2004), Bergwetter, Bruckmann Verlag
Keidel (2003), Bergwetter Basic, Bruckmann Verlag
Roth (2004), Wetterkunde für alle, BLV Verlag
Sönning/Keidel (2005), Wolkenbilder, Wettervorhersage, BLV Verlag
Walch (2005), Alles klar! Wetter verstehen mit Dieter Walch, BLV Verlag

Bildnachweis:

Alle Fotos Claus G. Keidel, außer
Groß, Robert: S. 39
Keidel, Anni: S. 10 u.
Keidel, Sigrid: S. 8
Limbrunner, Alfred: S. 37
Willner, Wolfgang: S. 36

Wetterkarten S. 44, 51, 52, 54:
Image/Münchner Merkur
Grafik S. 48: Barbara v. Damnitz

Bibliografische Information der Deutschen Bibliothek

Die Deutsche Bibliothek verzeichnet diese Publikation in der Deutschen Nationalbibliografie; detaillierte bibliografische Daten sind im Internet über http://dnb.ddb.de abrufbar.

BLV Buchverlag GmbH & Co. KG
80797 München

Umschlaggestaltung: fuchs_design, Ottobrunn

Umschlagfotos: Keidel (Vorderseite oben), Fotosearch (Vorder- und Rückseite unten)
Die Klappenfotos wurden aus dem Innenteil übernommen

Lektorat: Dr. Eva Dempewolf, Dr. Friedrich Kögel
Herstellung: Hermann Maxant

Layoutkonzept Innenteil: fuchs_design, Ottobrunn

Satz: Uhl + Massopust, Aalen

Gedruckt auf chlorfrei gebleichtem Papier

Printed in Italy ·
ISBN 10: 3-8354-0052-5
ISBN 13: 9-783-8354-0052-8

Eine kleine Auswahl aus unserem grossen Programm

Veronika Straaß
Das große BLV Naturbuch
Das Erlebnis-Buch für die ganze Familie: heimische Tiere, Pflanzen und Landschaften im Wechsel der Jahreszeiten, Beobachtungstipps, Anleitungen zum Spielen und Experimentieren, Rezepte aus der Feld-, Wald- und Wiesenküche, Außergewöhnliches aus der Naturkunde usw.
ISBN 3-8354-0048-7

Veronika Straaß/
Claus-Peter Lieckfeld
Singvögel –
Der etwas andere Naturführer
Die wichtigsten Singvögel im Porträt mit unterhaltsamen Storys und vielen interessanten Infos zu den einzelnen Arten; Beobachtungs- und Erlebnistipps im Jahreslauf.
ISBN 3-405-16867-8

Uwe Kühn/Stefan Kühn/Bernd Ullrich
Bäume, die Geschichten erzählen
100 Bäume, die historisch bedeutend sind und im Leben der Menschen eine besondere Rolle spielten – porträtiert mit ihrer Geschichte, interessanten Storys, alten Stichen und eindrucksvollen Fotos; mit Standortkarte.
ISBN 3-405-16767-1

Der Tier- und Pflanzenführer für unterwegs
Das kompakte Bestimmungsbuch mit 900 Tier- und Pflanzenarten und 1350 Farbfotos – ideal für unterwegs; mit bis zu 5 Fotos pro Art und Sonderteilen, die das Bestimmen zusätzlich erleichtern.
ISBN 3-8354-0019-3

Die zuverlässigen Berater

BLV Bücher bieten mehr:

- mehr Wissen
- mehr Erfahrung
- mehr Innovation
- mehr Praxisnutzen
- mehr Qualität

Denn 60 Jahre Ratgeberkompetenz sind nicht zu schlagen!

Unser Buchprogramm umfasst rund 800 Titel zu den Themen **Garten · Natur · Heimtiere · Jagd · Angeln · Sport · Golf · Reiten · Alpinismus · Fitness · Gesundheit · Kochen.** Ausführliche Informationen erhalten Sie unter **www.blv.de**

BLV Buchverlag GmbH & Co. KG
Lothstraße 19 · 80797 München
Postfach 40 02 20 · 80702 München
Telefon 089/12705-0 · Fax -545
E-mail: blv.verlag@blv.de

blv
Mehr Erlesen!

Cirrus (Ci)
Höhe: 8000–12000 m

Wetterprognose: Bei fallendem Luftdruck und steigender Luftfeuchtigkeit treten Cirruswolken aus Richtung um West auf und verdichten sich; innerhalb der nächsten 48 Stunden ist eine Wetterverschlechterung zu erwarten. Sind Cirruswolken aus östlicher Richtung aufgezogen, stehen still am Himmel oder lösen sich auf, folgt Wetterbesserung.

Cirrostratus (Cs)
Höhe: 6000–8000 m

Wetterprognose: Ringe und Höfe um Sonne oder Mond (Halos) zeigen, dass erste Feuchtigkeit bereits in kleinsten Tröpfchen oder Eisnadeln in der Höhe vorhanden ist. Das Wetter ändert sich.

Cirrocumulus (Cc)
Höhe: 6000–12000 m

Wetterprognose: Ziehen Cirrocumuluswolken schnell aus westlicher Richtung und bilden eine Wogenform aus, so tritt in Kürze ein Wetterumschwung ein. Feine Cirrocumuli entstehen bei Föhn oder im Sommer vor Gewittern.